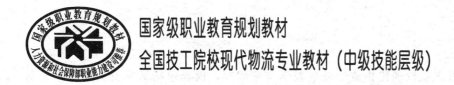

国家级职业教育规划教材

全国技工院校现代物流专业教材（中级技能层级）

叉车作业实务

人力资源社会保障部教材办公室组织编写

唐萍萍　主编

中国劳动社会保障出版社

简　介

　　本书根据技工院校现代物流专业的教学实际编写，内容包括叉车及其属具、叉车驾驶操作训练、叉车保养点检和安全操作。本书侧重于培养学生的叉车驾驶技能，重点介绍了叉车驾驶中常用的操作技巧。本书附有教学演示视频，并配有电子课件，教学演示视频可扫描书中的二维码观看，电子课件可通过职业教育教学资源和数字学习中心（http://zyjy.class.com.cn）下载。

　　本书由唐萍萍任主编，钟大勇、姚姣姣参加编写。

图书在版编目（CIP）数据

叉车作业实务/唐萍萍主编. --北京：中国劳动社会保障出版社，2019
全国技工院校现代物流专业教材. 中级技能层级
ISBN 978-7-5167-4193-1

Ⅰ.①叉… Ⅱ.①唐… Ⅲ.①叉车-中等专业学校-教材 Ⅳ.①TH242

中国版本图书馆 CIP 数据核字（2019）第 228930 号

中国劳动社会保障出版社出版发行

（北京市惠新东街 1 号 邮政编码：100029）

*

北京市艺辉印刷有限公司印刷装订 新华书店经销

787 毫米×1092 毫米 16 开本 5.5 印张 102 千字

2019 年 11 月第 1 版 2022 年 12 月第 4 次印刷

定价：11.00 元

营销中心电话：400-606-6496

出版社网址：http://www.class.com.cn

http://jg.class.com.cn

前　言

全国中等职业技术学校物流专业教材出版于 2006 年，并于 2013 年进行了首次修订和补充。近年来，随着经济的发展和技术的更新，物流行业已经进入新的发展阶段，物流企业对从业人员的知识水平和职业能力提出了更高的要求。为了适应这些变化，培养更加符合物流企业需求的中级技能人才，我们组织了一批教学经验丰富、实践能力强的一线教师和行业、企业专家，在充分调研的基础上，对现有教材进行了新一轮修订和补充。

本次修订和补充的教材包括《现代物流基础（第二版）》《物流设施设备（第三版）》《物流成本管理基础（第三版）》《商品检验与包装（第三版）》《采购基础知识与技巧（第三版）》《物流运输基础与实务（第三版）》《仓储基础知识与技能（第三版）》《配送基础知识与实务（第二版）》《物流信息技术（第二版）》《物流客户服务》《货物养护作业实务》和《叉车作业实务》。

本次教材修订和补充工作的重点主要体现在以下几个方面：

第一，突出教材的实用性。本着"学以致用"的原则，新版教材的结构和内容根据物流企业的工作实际进行了调整和更新，对操作性较强的课程，教材在编写中采用任务驱动或理实一体化的模式，突出对学生实际操作能力的培养。

第二，突出教材的先进性。新版教材根据物流行业的现状和发展趋势，尽可能多地体现新知识、新技术、新方法、新设备，以期缩短学校教育与企业岗位需求的距离，同时，严格执行国家最新技术标准。

第三，突出教材的易用性。新版教材充分考虑学生的认知规律，注重利用图表、实物照片和案例辅助讲解知识点和技能点，部分教材还配有操作视频，学生扫描相应二维码即可观看，为学生营造生动、直观的学习环境，激发学生的学习兴趣。同时，新版教材还配有电子课件，便于教师开展教学工作，提高教学效率。

本套教材的编写得到了有关省市教育部门、人力资源社会保障部门和一批职业院校的大力支持，教材编审人员做了大量的工作，在此，我们表示诚挚的谢意！同时，恳切希望广大读者对教材提出宝贵的意见和建议。

人力资源社会保障部教材办公室

目 录

模块一 叉车及其属具

项目一 叉车基础认知

　　叉车又称铲车或万能装卸车，是无轨行驶的起重运输机械。叉车带有货叉承载装置，工作装置可完成升降、前后倾、夹紧和推出的动作，是实现成件货物和散装物料机械化装卸、堆垛和短途搬运的高效率工作车辆。

　　一辆叉车的结构通常由货叉、货叉架、液压系统、门架、护顶架、门架控制手柄、平衡重、底盘等几个部分组成，如图1—1所示。叉车是前轮驱动，后轮转向。

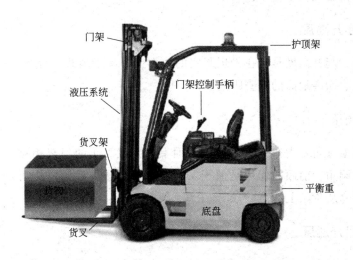

图1—1　叉车

　　叉车的使用促进了托盘运输和集装箱搬运的发展。叉车的作用主要有以下几点：

　　一是减轻劳动强度，节约劳动力。一般来说，一台叉车可以代替8～15个装卸和搬运工人。

二是缩短作业时间，提高作业效率。

三是提高仓库容积的利用率，促进多层货架和高层仓库的发展。利用叉车可将容积利用系数提高 40%。

四是减少货物破损，提高作业的安全性、可靠性。

五是采用托盘和集装箱盛装货物，可简化货物包装，降低包装成本。

一、叉车常用术语

1. 载荷中心距

叉车的载荷中心距是指在货叉上放置货物时，从货物重心到货叉垂直段前表面的水平距离，以及从货物重心到货叉水平段上表面的垂直距离。不同额定载荷的叉车，其载荷中心距有不同的标准值。

2. 额定起重量

叉车的额定起重量是指叉车实际载荷中心距不大于标准载荷中心距时，允许起升的货物最大重量。当叉车实际载荷中心距大于标准载荷中心距时，为了保持叉车的稳定，叉车的起重量应相应减小。

3. 最大起升高度

叉车的最大起升高度是指在平坦坚实的地面上，叉车满载、货物升至最高位置时，货叉水平段上表面离地面的垂直距离。

4. 门架倾角

叉车的门架倾角是指在平坦坚实的地面上，无载叉车的门架相对其垂直位置向前或向后的最大倾角。前倾的作用是便于叉取和卸放货物；后倾的作用是当叉车带货运行时，预防货物从货叉上滑落。

5. 最大起升速度

叉车的最大起升速度通常是指叉车满载时货物起升的最大速度。提高最大起升速度可以提高作业效率，但起升速度过快容易发生货损和机损事故。

6. 最大运行速度

叉车的最大运行速度是指满载的叉车在干燥、平坦、坚实的地面上行驶时的最大速度。

7. 最小转弯半径

当叉车在无载低速行驶、打满转向盘转弯时，车体最外侧和最内侧至转弯中心的最小距离分别称为最小外侧转弯半径和最小内侧转弯半径。最小外侧转弯半径越小，叉车转弯时需要的地面面积越小，机动性越好。

8. 最小离地间隙

叉车的最小离地间隙是指车轮以外，车体上固定的最低点至地面的距离，它表示叉车无碰撞地越过地面凸起障碍物的能力。最小离地间隙越大，叉车的通过性越好。

9. 轴距和轮距

叉车轴距是指叉车前后桥中心线的水平距离，轮距是指叉车同一轴上左右轮中心的距离。增大轴距有利于提高叉车的纵向稳定性，但会使车身长度和最小转弯半径增加。增大轮距有利于提高叉车的横向稳定性，但会使车身宽度和最小转弯半径增加。

10. 最小直角通道宽度

叉车的最小直角通道宽度是指供叉车往返行驶，成直角相交的通道的最小宽度。一般情况下，最小直角通道宽度越小，叉车性能越好。

二、叉车的分类

叉车分为机动叉车和手动叉车，机动叉车按动力源不同，又分为内燃叉车（以内燃机为动力源）、电动叉车（以蓄电池为动力源）两类。

1. 内燃叉车

内燃叉车是指以柴油、汽油或者液化石油气为燃料，由发动机提供动力的叉车。其优点是行驶速度快，爬坡能力强，作业效率高，对路面要求不高；其缺点是结构复杂，维修困难，噪声大。内燃叉车常用于室外作业。

（1）按动力形式分类

内燃叉车按动力形式不同，又分为柴油叉车、汽油叉车和液化石油气叉车，见表1—1。

表1—1	按动力形式分类的内燃叉车
类型	特点
柴油叉车	自重大，价格高，稳定性好，适宜重载，适于室外作业；柴油发动机动力性较好，噪声大，燃油消耗量少，排气量大
汽油叉车	自重轻，价格低，稳定性好，适宜重载，适于室外作业；汽油发动机动力性较差，噪声小，燃油消耗量多
液化石油气叉车	尾气排放少，燃油消耗量少，适于对环境要求较高的室内作业

（2）按结构形式分类

内燃叉车按结构形式不同，又分为内燃平衡重式叉车、重型叉车、集装箱叉车、侧面式内燃叉车、前移式叉车、插腿式叉车和集装箱跨运车等，见表1—2。

表1—2		按结构形式分类的内燃叉车
类型	图示	说明
内燃平衡重式叉车		内燃平衡重式叉车整车重心低，稳定性好，操作灵活，维修方便，用途广。由于燃料补充方便，因此可实现长时间连续作业，而且能胜任恶劣环境（如雨天）下的工作
重型叉车		重型叉车采用柴油发动机提供动力，额定起重量大，一般用于货物较重的码头以及钢铁等行业的户外作业
集装箱叉车		集装箱叉车采用柴油发动机提供动力，额定起重量大，一般分为空箱堆高机、重箱堆高机和集装箱正面吊，用于集装箱堆场或港口码头的集装箱搬运作业

类型	图示	说明
侧面式内燃叉车		侧面式内燃叉车采用柴油发动机提供动力，在不转弯的情况下，具有直接从侧面叉取货物的能力，因此主要用来叉取长条状的货物，如木条、钢筋等
前移式叉车		前移式叉车的门架可以带动货叉前移，货叉可伸出到前轮之外叉取或放下货物，不用时可收回。这种叉车在保证操作灵活性及高载荷性能的同时，体积与自重又不会增加很多，从而最大限度节省作业空间。前移式叉车是在车间、仓库内使用最广泛的一种叉车，一般采用实心轮胎，车轮直径比较小
插腿式叉车		插腿式叉车车体前有两条外伸的车轮支腿，作业时跨在货物的两侧，货叉位于支腿之间。这种叉车适用于在较小空间内进行装卸、堆垛、拆垛以及物资的短距离搬运。插腿式叉车的结构非常紧凑，因此在取货或卸货时都不会失去稳定性。这种叉车运行及使用灵活方便，但对地面平整度的要求高，多用于库内作业
集装箱跨运车		集装箱跨运车是集装箱装卸设备中的主力，具有方便灵活、效率高、稳定性好等特点，主要用于由码头前沿到堆场的水平运输及堆场集装箱堆码作业

2. 电动叉车

电动叉车为电动机驱动，由蓄电池提供动力。由于没有污染、噪声小，因此它广泛用于对环境要求较高的场合，以及医药、食品等行业。一般电池在工作约 8 h 后需要充电，故在多班制的场合需要配备备用电池。常用电动叉车类型见表 1—3。

表 1—3　　　　　　　　　　　　常用电动叉车类型

类型	图示	说明
平衡重式电动叉车		平衡重式电动叉车的车体前方装有升降货叉，车体尾部装有平衡重块
前移式电动叉车		前移式电动叉车门架可以整体前移或缩回，缩回时作业通道宽度一般为 2 700～3 200 mm，最大起升高度可达 11 000 mm 左右，常用于仓库内中等高度的堆垛、取货作业
电动托盘搬运叉车		电动托盘搬运叉车通过齿轮传动驱动车辆行走，货叉的起升靠直流电动机和液压传动，推动油缸上下运动以起升货叉和货物。由于这种叉车的行走与起升都是采用电动，转向操作为舵把式转向，所以它具有省力、效率高、货物运行平稳、操作简单、安全可靠、噪声小、无污染等特点。电动托盘搬运叉车作业通道宽度一般为 2 300～2 800 mm，最大起升高度一般在 210 mm 左右，主要用于仓库内的水平搬运及货物装卸，一般有步行式和站驾式两种类型

类型	图示	说明
电动托盘堆垛叉车		电动托盘堆垛叉车作业通道宽度一般为2 300～2 800 mm，在结构上比电动托盘搬运叉车多了门架，最大起升高度一般在4 800 mm以内，主要用于仓库内的货物堆垛及装卸
电动拣选叉车		按照拣选高度不同，电动拣选叉车可分为低位拣选叉车和中高位拣选叉车。低位拣选叉车的最大起升高度可达2 500 mm，中高位拣选叉车的最大起升高度可达10 000 mm
低位驾驶三向堆垛叉车		低位驾驶三向堆垛叉车通常配备一个三向堆垛头，叉车不需要转向，通过旋转货叉就可以实现两侧货物的堆垛和取货。其最大起升高度可达12 000 mm，但考虑到操作视野的限制，主要用于提升高度低于6 000 mm的场合
高位驾驶三向堆垛叉车		高位驾驶三向堆垛叉车配有一个三向堆垛头，最大起升高度可达14 500 mm。其驾驶室可以提升，司机可以清楚地观察到一定高度范围内的货物，也可以进行拣选作业

3. 手动叉车

手动叉车是一种低起升装卸和短距离运输两用车，由于不产生火花和电磁场，特别适用于汽车装卸及车间、仓库、码头、车站、货场等地易燃、易爆物品的装卸运输。手动叉车具有升降平稳、转动灵活、操作方便等特点。手动液压搬运车是一种常见的手动叉车，如图1—2所示。

图1—2　手动液压搬运车

三、叉车控制台操作部件

1. 转向盘

转向盘又称方向盘，是控制叉车行驶方向的装置。为了操作方便，转向盘上装有快转手柄。叉车是后轮转向，转向时后部平衡重向外扭转。转向时要提前减速，向转弯的一侧转动转向盘，转动转向盘要比前轮转向的车辆多一些提前量。叉车转向盘如图1—3所示。

2. 手制动手柄

手制动手柄是停车制动器的操纵装置，供停车或紧急制动时使用，以免叉车溜车。停车时，用手拉起手制动手柄即可达到停车制动的目的。叉车手制动手柄如图1—4所示。

图1—3　叉车转向盘

图1—4　叉车手制动手柄

3. 升降手柄和倾斜手柄

升降手柄控制货叉升降。提起货物时，升降手柄向后拉，升降阀杆上升，货叉连同货物缓慢升起。放下货物时，升降手柄向前推，货叉和货物落下。当放开升降手柄后，货物将停止在一定位置。操作升降手柄时动作要轻柔，以免损坏货物。

　　倾斜手柄有助于叉取和摆放货物。倾斜手柄向前，倾斜阀杆下降，门架和货叉前倾。倾斜手柄向后，倾斜阀杆上升，门架和货叉后倾。松开倾斜手柄，门架保持不动。

　　叉车升降手柄和倾斜手柄如图1—5所示。

图1—5　叉车升降手柄和倾斜手柄

4. 加速踏板和制动踏板

　　加速踏板又称油门踏板。踩加速踏板时，应连续轻踩，缓慢抬起，不可忽然踩下或放开。叉车加速踏板如图1—6所示。

　　制动踏板用来实现减速和停车操作。除紧急情况需紧急制动外，一般应缓慢踩下制动踏板。叉车制动踏板如图1—7所示。

图1—6　叉车加速踏板

图1—7　叉车制动踏板

5. 指示仪表

　　指示仪表包括电流表、水温表、燃油表、机油压力表、计时表、油温表、车速里程表等。这些指示仪表可以给司机以提示，使司机提前进行叉车的保养维护，还可间接反映叉车故障的原因。叉车指示仪表如图1—8所示。

6. 开关

　　叉车上的开关包括电源总开关、点火开关、预热起动开关、灯光总开关、转向灯开关等。其中，叉车电源总开关如图1—9所示。

图1—8　叉车指示仪表

图1—9　叉车电源总开关

四、叉车的使用特点

　　叉车常用起升高度为2 000～4 000 mm。在各种起升车辆中，叉车的机动性和牵引性能最好，工作效率最高，其行驶速度、起升速度最快，爬坡能力也最强，在选用起升车辆时可优先考虑。使用充气轮胎的内燃叉车可在室内外作业，电动叉车则适合在室内作业。

　　叉车主要用于装卸作业，也可在50 m左右的水平距离做搬运作业。叉车可用于在车站、码头装卸物资，也可用于在工地和车间内外搬运机件。

　　叉车可带各种属具，以扩大叉车的用途。

 训练内容与要求

　　通过小组讨论选择合适的叉车类型。识别叉车控制台操作部件。

　　技能训练开始前需要准备一块白板和各类叉车图片，以及各类叉车的技术说明文档。

　　将学生进行分组，建议分成2组。由各组自选组长并安排好学生回答问题的顺序。组长负责协助教师维持实训纪律。

 训练步骤

　　步骤一：由教师讲解叉车的类型及其特点。

　　步骤二：学生根据教师的讲解进行课堂演练，并根据不同工况选择合适的叉车类型。

步骤三：由教师讲解叉车控制台各操作部件。

步骤四：学生根据教师的讲解识别控制台各操作部件。

步骤五：学生填写实训任务书（见表1—4）。

表1—4　　　　　　　　　　　　　实训任务书

班级		姓名	
实训项目		实训时间	
实训地点		指导教师	
训练内容			
操作步骤			
操作要求			
存在问题			
实训收获			

训练评价

叉车基础认知评价标准见表1—5。

表1—5 叉车基础认知评价标准

姓名		班级		
任务名称		日期		
评价内容	评价标准	分值	小组评价	教师评价
知识与技能考评 (60分)	能够正确识别叉车控制台操作部件	20		
	能够正确识别叉车的类型	20		
	能够正确说出不同类型叉车的特点	20		
职业素养考评 (40分)	学习前做好相关的准备工作	10		
	学习中能够积极与教师和同学沟通	10		
	能够用自己的语言来展示学习成果	10		
	能够独立完成实训任务书	10		
总分		100		

项目二　叉车属具基础认知

　　叉车属具是安装在以货叉为基型的叉车上，能够方便地更换，使叉车适应多种工况需要的各种装置。

　　叉车属具能够使叉车实现一车多用，能提高叉车的工作效率和安全性能，还能大大降低其受损的可能性。部分叉车属具如图1—10所示。

 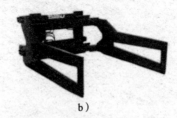 

a） b） c）

图1—10 部分叉车属具

a）纸卷夹　b）软包夹　c）推拉器

　　常见叉车属具的主要固定部件有支架、工作装置、工作油缸、胶管卷进卷出装置等。

一、叉车属具的类型

叉车属具目前有 30 多种，如侧移装置、夹抱器、旋转器、桶夹、串杆、吊钩、货斗等。这些属具可以分为简易属具（如起重臂、串杆、油桶钳）、复杂属具（如铲斗、叉套、吊杆、挑杆、推出器、桶夹、平抱夹、纸卷夹、圆木夹、纸箱夹、软包夹、侧移器、倾翻叉、前移叉、全自动起升货叉），也可以分为以下几种类型：

1. 货叉型属具

货叉型属具有侧移叉、调距叉、砖叉、前移叉、叉套、折叠货叉等，见表 1—6。

表 1—6 货叉型属具

类型	图示	说明
侧移叉		侧移叉用于将带托盘的货物左右移动对位，便于准确叉取和堆垛货物。使用侧移叉可以提高叉车的工作效率，延长叉车的使用寿命，减轻操作人员的劳动强度，节省仓库空间，提高库容的利用率
调距叉		调距叉通过液压调整货叉间距，使用调距叉可搬运用不同规格托盘盛装的货物，无须操作人员手动调整货叉间距，可减轻操作人员的劳动强度
砖叉		使用砖叉叉取货物后能固定货物，避免货物掉落

续表

类型	图示	说明
前移叉		前移叉用来叉取距叉车较远的托盘或货物,如从车厢的一个侧面快速、简便地进行装货和卸货。前移叉和调距叉配装在一起使用时效率更高
叉套		叉套的作用是加长货叉的长度,以叉取较大的货物,平时叉取一般货物时可轻易拆除
折叠货叉		折叠货叉可增加叉取量,在叉车停放时还可节省空间

2. 夹持式属具

夹持式属具主要有纸卷夹、纸箱夹、软包夹、烟包夹、(倒)桶夹、二用叉夹等,见表1—7。

表1—7 夹持式属具

类型	图示	说明
纸卷夹		纸卷夹用于搬运纸卷、塑料薄膜卷、水泥管、钢管等圆柱状货物,实现货物的快速、无破损装卸和堆垛

类型	图示	说明
纸箱夹		利用纸箱夹可实现对纸箱、木箱、金属箱等箱状货物的无托盘化搬运，从而节省托盘的采购和维护费用，降低成本
软包夹		软包夹用于棉纺化纤包、羊毛包、纸浆包、废纸包、泡沫塑料软包等的无托盘化搬运
烟包夹	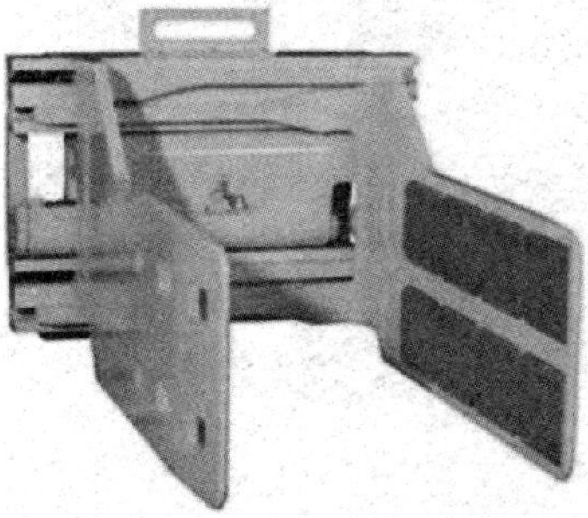	烟包夹用于搬运烟草行业的烟箱，尤其适于复烤烟叶箱的无托盘化搬运，可一次搬运多个烟叶箱
（倒）桶夹		（倒）桶夹可用于无托盘搬运和倾倒油桶，其中有些是专用桶夹（如微型桶夹、垃圾桶夹）

续表

类型	图示	说明
二用叉夹		二用叉夹的货叉可以旋转成水平和垂直两种状态，既可用来叉取货物，又可用来夹取货物，还可以旋转成45°，用斜面来叉取桶类和圆柱状货物

3. 旋转式属具

旋转式属具有旋转器、旋转抱夹等。其中，旋转器可360°旋转，用于翻转货物和倒空容器，或将竖着的货物水平放置，如图1—11所示。旋转器可与其他属具联用，使属具有旋转功能。有的旋转器专用于防爆等领域。

图1—11　旋转器

4. 推出式属具

推出式属具有推出器、推拉器、前移叉等。其中，推拉器用于单元货物的无托盘化搬运和堆垛作业，在食品、轻工、电子行业应用广泛，如图1—12所示。

5. 起吊式属具

起吊式属具有起重臂、集装箱吊具、油桶吊等。其中，油桶吊如图1—13所示。

图1—12 推拉器

图1—13 油桶吊

6. 箱斗式属具

箱斗式属具有倾翻斗、铲斗等。其中，叉车铲斗如图1—14所示。

7. 其他类属具

其他类属具有串杆、带护臂挡货架等。其中，叉车串杆如图1—15所示。

图1—14 叉车铲斗

图1—15 叉车串杆

二、叉车属具使用注意事项

叉车属具多由短的活塞式液压缸、高压胶管、胶管卷绕器、快速接头、圆形密封圈、属具专用件等组成。这些零部件可参照一般液压件进行清洁、维护。使用属具时，除应注意管路系统渗油、破裂等异常现象外，还要注意属具的容许载荷、起升高度、适用范围、运行宽度以及货物尺寸等均应严格按属具的性能参数表执行，既不能超载，也不能偏载。

在叉车的使用中，配对的两货叉叉厚、叉长应大致相等。两货叉装上叉架后，其上水平面应保持在同一平面。必须严格遵守操作规程，不允许超载或长距离搬运货物；在搬运超长或重心位置不能确定的货物时，要由专人指挥，并注意人员等的安全。用货叉叉货时，叉距应适合货物的宽度，货叉应尽可能深地插取货物，用最小的门架后倾角来稳定货物，防止货物后滑；放下货物时，可使门架少量前倾，以便安全放下货物和抽出货叉。行驶时，货叉底部以距地面 30 cm 左右为宜，门架应适当后倾。行驶中不得随意提升或降低货叉，不得在坡道上转弯和横跨坡道行驶。不得用货叉挑翻货盘的方法卸货，不得用货叉直接装运危险物品，不得用单货叉作业或利用惯性叉货，不得利用惯性溜放圆形或易滚动的货物。

训练内容与要求

识别叉车属具并讲解不同类型叉车属具的功能。

技能训练开始前需要准备一块白板、一辆电动叉车、若干叉车属具图片，以及计算机、投影仪。

建议将学生分成 2 组，由各组自选组长并安排好学生回答问题的顺序。组长负责协助教师维持实训纪律。

训练步骤

步骤一：由教师讲解叉车属具的类型和功能。

步骤二：学生根据教师的讲解识别叉车属具类型，并描述不同类型叉车属具的功能。

步骤三：学生填写实训任务书（见表 1—8）。

表 1—8　　　　　　　　　　　实训任务书

班级		姓名	
实训项目		实训时间	
实训地点		指导教师	
训练内容			
操作步骤			

训练内容	
操作要求	
存在问题	
实训收获	

训练评价

叉车属具基础认知评价标准见表1—9。

表1—9 叉车属具基础认知评价标准

姓名		班级		
任务名称		日期		
评价内容	评价标准	分值	小组评价	教师评价
知识与技能考评 (60分)	能够正确识别叉车属具的类型	20		
	能够正确说出各种叉车属具的用途	20		
	能够正确说出叉车属具使用注意事项	20		
职业素养考评 (40分)	学习前做好相关的准备工作	10		
	学习中能够积极与教师和同学沟通	10		
	能够用自己的语言来展示学习成果	10		
	能够独立完成实训任务书	10		
总分		100		

模块二　叉车驾驶操作训练

项目一　叉车起步与停车

　　叉车起步和停车是叉车驾驶操作的前提，学会了起步和停车才能学习叉车驾驶的其他操作步骤。司机在叉车驾驶和装卸中，会多次进行起步和停车，而且其操作正确与否直接影响发动机或电动机的使用寿命和燃料（电力）消耗量。下面以常用的电动叉车为例介绍叉车起步与停车操作。

一、叉车起动前的检查

　　叉车在起动前，司机要按照一定的操作要求和操作规范检查叉车。叉车起动前的检查步骤见表 2—1。

表 2—1　　　　　　　　　　　　叉车起动前的检查步骤

序号	操作图示	操作说明
1		穿戴工作服及安全帽

序号	操作图示	操作说明
2		检查门架
3		检查轮胎气压是否达标，轮胎磨损是否过量，轮胎紧固螺栓是否拧紧
4		检查地面有无滴下油迹，如果有则应该及时找出漏油部位
5		检查发动机机油、蓄电池电解液、制动液是否足够；检查叉车充电是否正常，蓄电池箱是否清洁
6		检查电气设备是否正常

续表

序号	操作图示	操作说明
7		上车检查转向系统、升降系统、制动系统是否正常
8		检查车灯、蜂鸣器是否正常

　　需要特别注意的是，在测量胎压时必须使用轮胎测压器。轮胎测压器如图 2—1 所示。

图 2—1　轮胎测压器

二、叉车起步操作步骤

　　叉车检查完毕，司机按照叉车起步操作步骤（见表 2—2）进行起步操作。

表 2—2   叉车起步操作步骤

序号	操作图示	操作说明
1		环顾叉车四周，确认无异常再上车。上车时，左手扶安全握柄，右手扶座椅扶柄，左脚蹬上叉车踏板，右脚上车
2		上车后，右脚踩下叉车制动踏板，系好安全带，根据自身的情况适当调整座椅
3		插入钥匙，启动电源
4		起升货叉至货叉底面距地面 30 cm 左右，将货叉后倾 15°

续表

序号	操作图示	操作说明
5		鸣笛示意
6		放下手制动手柄
7	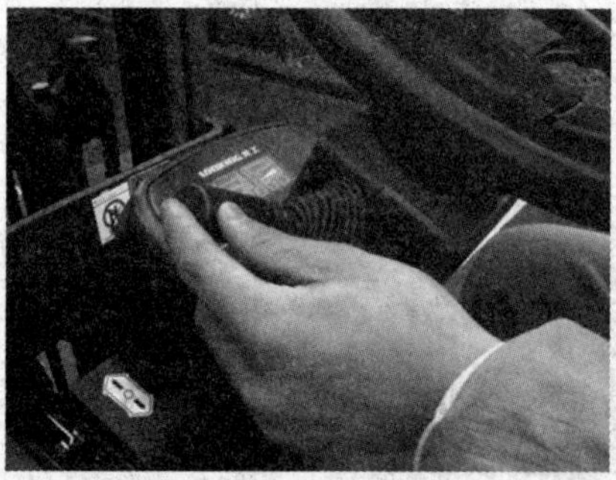	挂前进挡
8		将右脚从制动踏板移到加速踏板上，环顾四周，确认无异常后注视正前方

序号	操作图示	操作说明
9	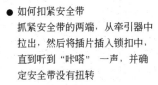	轻踩加速踏板，叉车起动

三、叉车起步操作规范

叉车起步前，司机应合理规范使用叉车安全带。叉车安全带的使用方法如图2—2所示。

● 如何扣紧安全带
  抓紧安全带的两端，从牵引器中
  拉出，然后将插片插入锁扣中，
  直到听到"咔嗒"一声，并确
  定安全带没有扭转

● 如何解开安全带
  按锁扣上的按钮就可以解开安全带。
  安全带在解开后会自动恢复，抓住插
  片让它慢慢收回

● 没有必要调整安全带的长度，因为它的
  设计适用于任何身材

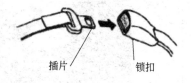

图2—2　叉车安全带的使用方法

叉车起动时，司机必须采用正确的驾驶姿势。正确的驾驶姿势能减轻司机的劳动强度，便于司机运用各种操作装置，以及观察仪表盘和周围环境。正确的驾驶姿势是，左手放在转向盘上，右手放在操纵手柄上，右脚放在加速踏板或制动踏板上。

四、叉车停车操作步骤

停车是驾驶叉车的最后一个操作步骤，叉车停车的操作步骤见表 2—3。

表 2—3　　　　　　　　　　　　　叉车停车操作步骤

序号	操作图示	操作说明
1		右脚轻踩制动踏板，逐渐制动减速，直到叉车停止。将货叉下降和前倾，使货叉平稳落到地面
2	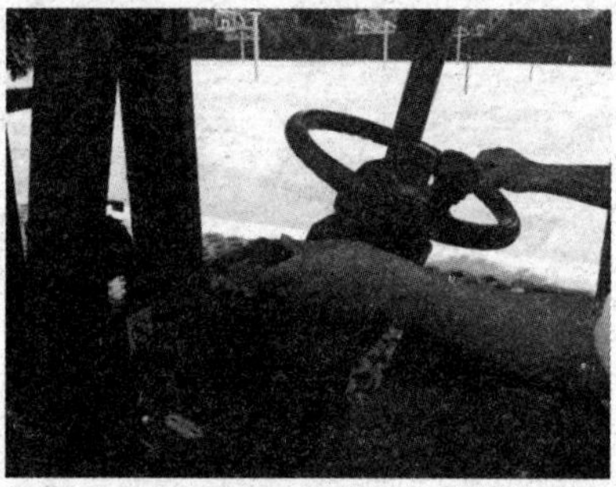	挂空挡
3		拉起手制动手柄

续表

序号	操作图示	操作说明
4		鸣笛示意
5		关闭电源，拔下钥匙

五、叉车停车安全注意事项

叉车应停在水平地面且尽量宽敞的地方。如果不得已要在斜坡上停车，必须用楔块挡住车轮，以防止叉车移动。

叉车应停在指定区域或不妨碍交通的地方，若需要，在叉车周围设置标志或信号灯。

叉车应停在坚硬的地面上，避免停在松软、泥泞或比较滑的路面上。

若起重系统损坏，货叉不能落到地面，应在货叉末端悬挂警告标志，并把叉车停靠在不妨碍交通的地方。

停车时，货叉不要远离地面，而应落地，以避免发生事故。

六、叉车的稳定性

装载重货时必须平衡货物的重量，否则叉车会翻倒。如图2—3所示，叉车有自己的重心（G_c），货物也有自己的重心（G_h），当叉车装上货物后，就会产生一个复合重心（G_f）。复合重心必须位于叉车的一个固定区域内，这称为稳定三角（图 2—4 中的△ABC）。

图 2—3　复合重心

当叉车有载荷时，复合重心（G_f）将前移到 *B* 点和 *C* 点之间。当复合重心位于稳定三角区域内时，叉车不会侧翻，如图 2—4 所示。

如果复合重心（G_f）偏移到稳定三角区域的边缘，叉车可能发生侧翻。如果复合重心偏移到稳定三角区域的前部，叉车可能出现前倾，如图 2—5 所示。

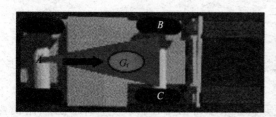

图 2—4　稳定的叉车

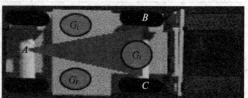

图 2—5　不稳定的叉车

即使叉车处于正确装载状态，在运输过程中，叉车的复合重心也有可能偏移到稳定三角区域外。出现这种情况的原因主要有：载荷过重或不均衡，运输过程中货叉没有放低，叉车高速运行时急转弯，在斜面上操作叉车，叉车起动或停车过快，叉车有故障等。因此，在搬运货物前需要确认叉车的额定起重量，同时确保叉车空驶过程中的稳定性，防患于未然。

 训练内容与要求

驾驶电动叉车完成叉车的起步操作，前行 30 m 后完成叉车的停车操作。操作结束后，将叉车停放到指定位置。叉车起步与停车操作场地和路线如图 2—6 所示。

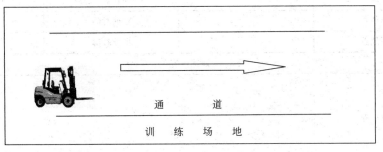

图 2—6　叉车起步与停车操作场地和路线

1. 实训活动准备

准备叉车实训场地。准备电动叉车 1 辆、安全帽 2 个。

将学生进行分组，建议分成 2 组。由各组自选组长并安排好学生操作的顺序。组长负责协助教师维持实训纪律。

教师要在实训之前仔细说明实训的操作要求、安全事项，组织学生完成实训操作，在实训的过程中及时进行指导，纠正学生的错误。操作结束后，教师要及时总结。

2. 操作规范和操作要求

上车操作前必须环绕叉车一周仔细检查叉车状况。

上车前必须戴好安全帽，上车后要系好安全带。

叉车起动前必须使货叉离地 30 cm 左右，同时将货叉后倾 15°。

叉车在起步时要观察四周情况是否安全，然后平稳起步。

叉车停车时应缓慢踩下制动踏板，停车后应拉起手制动手柄。

操作时可根据自己的需要来调整后视镜及驾驶座椅。

 训练步骤

步骤一：由教师完成叉车的起步操作。

步骤二：学生根据视频和教师的实际操作进行上车演练。

步骤三：由教师完成叉车的停车操作。

步骤四：学生根据视频和教师的实际操作进行上车演练。

步骤五：学生填写实训任务书（见表 2—4）。

表 2—4　　　　　　　　　　　　　　　实训任务书

班级		姓名	
实训项目		实训时间	
实训地点		指导教师	
训练内容			
操作步骤			
操作规范			
存在问题			
实训收获			

 训练评价

叉车起步与停车操作技能评价标准见表 2—5。

表 2—5　　　　　　　　叉车起步与停车操作技能评价标准

姓名			班级		
任务名称			日期		
评价内容	评价标准		分值	小组评价	教师评价
知识与技能考评 （60分）	能够正确完成叉车起动前的检查		20		
	能够正确完成叉车的起步操作		20		
	能够正确完成叉车的停车操作		20		

评价内容	评价标准	分值	小组评价	教师评价
职业素养考评 （40分）	学习前做好相关的准备工作	10		
	学习中能够积极与教师和同学沟通	10		
	能够独立完成实训任务书	10		
	能够查找自身驾驶技术的不足并改进	10		
总分		100		

项目二　叉车前进与后退

叉车的前进和后退是驾驶叉车的基本操作动作。下面以电动叉车为例进行讲解。

一、叉车前进操作步骤

叉车的前进是在叉车的上车、起步操作之后的延续动作，因此叉车的前进操作也包括上车、起步动作。在进行前进操作时，应按照叉车起步操作步骤（见表2—2）启动电源、起升货叉、挂前进挡、起动叉车，然后匀速前进，在行驶中注意适当调整方向。

二、叉车前进操作规范

叉车在前进时，司机一定要做到目视前方，看远顾近。行驶时，尽量行驶在道路的中央。在前进的过程中，如果遇到不平路面，则需要减速慢行。如果叉车偏离道路，应该及时修正方向。由于电动叉车是前轮驱动、后轮转向，因此在调整转向盘时应转多少回多少，确保叉车沿直线行驶。

三、叉车后退操作步骤

通常当叉车货叉上有货或货叉上的货物阻碍司机的视线时，为了确保叉车行驶作业的安全，需将叉车倒退行驶，这也对司机的驾驶技术提出了更高的要求。叉车后退操作步骤见表2—6。

表 2—6　　　　　　　　　　　叉车后退操作步骤

序号	操作图示	操作说明
1		停车并挂空挡，踩住制动踏板
2		转身环顾后退路线四周，确认无异常，鸣笛示意
3		挂倒挡，右脚移到加速踏板上
4		边观察车后情况，边轻踩加速踏板，匀速后退并适当调整方向

四、叉车后退操作规范

在进行后退操作时，司机仍然要左手握住转向盘，目视后方或后视镜。行驶时，尽量行驶在道路的中央。后退时速度要慢，如果出现方向偏离，则应该缓慢调整方向，应转多少回多少。转向盘转动速度不要太快，幅度不要太大。在完成叉车的后退操作时，还需要遵守以下操作规范：

叉车后退操作前，应先观察车后四周的道路情况，确定倒车的具体目标位置。

挂倒挡倒车时，踩加速踏板的力度一定要控制好，并随时调整方向。

倒车时，可以通过后视镜关注车后路况，同时要关注叉车两侧的道路情况。

倒车时如果遇到紧急情况，必须马上制动停车并拉起手制动手柄，下车检查。

直线倒车时，应保持后车轮回正，调整方向时尽量不要大幅度转动转向盘，要转多少回多少。

曲线倒车时，应该及时了解行车路况，降低车速。

 训练内容与要求

驾驶电动叉车完成 30 m 的直线前进操作和 30 m 的直线后退操作。操作结束后，将叉车停放到指定位置。叉车前进与后退操作场地和路线如图 2—7 所示。

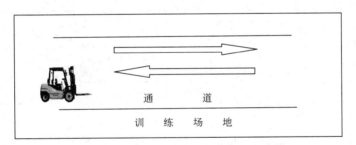

图 2—7　叉车前进与后退操作场地和路线

1. 实训活动准备

准备叉车实训场地。准备电动叉车 1 辆、安全帽 2 个。

将学生进行分组，建议分成 2 组。由各组自选组长并安排好学生操作的顺序。组长负责协助教师维持实训纪律。

教师要在实训之前仔细说明实训的操作要求、安全事项，组织学生完成实训操作，在实训的过程中及时进行指导，纠正学生的错误。操作结束后，教师要及时总结。

2. 操作规范和操作要求

上车操作前必须环绕叉车一周，仔细检查叉车状况。

上车前必须戴好安全帽，上车后要系好安全带，可根据自身需要调整后视镜及驾驶座椅。

叉车起动前必须使货叉离地 30 cm 左右，同时将货叉后倾 15°。叉车行驶时，严禁升降货叉。

在叉车前进或后退时，操作区域内不得有行人穿梭。学生必须在等待区内观看操作。

叉车行驶时不得出现人车分离现象。

叉车停止时必须踩制动踏板，必要时须拉起手制动手柄。

 训练步骤

步骤一：由教师完成叉车的前进操作。

步骤二：学生根据视频和教师的实际操作进行上车演练。

步骤三：由教师完成叉车的后退操作。

步骤四：学生根据视频和教师的实际操作进行上车演练。

步骤五：学生填写实训任务书（见表 2—7）。

表 2—7　　　　　　　　实训任务书

班级		姓名	
实训项目		实训时间	
实训地点		指导教师	
训练内容			
操作步骤			
操作规范			

训练内容	
存在问题	
实训收获	

 训练评价

叉车前进与后退操作技能评价标准见表 2—8。

表 2—8　　　　　　叉车前进与后退操作技能评价标准

姓名			班级		
任务名称			日期		
评价内容	评价标准		分值	小组评价	教师评价
知识与技能考评 （60分）	能够正确完成叉车的前进操作		20		
	能够正确完成叉车的后退操作		20		
	能够正确说出叉车前进与后退的操作规范		20		
职业素养考评 （40分）	学习前做好相关的准备工作		10		
	学习中能够积极与教师和同学沟通		10		
	能够独立完成实训任务书		10		
	能够查找自身驾驶技术的不足并改进		10		
总分			100		

项目三　叉车L形行驶

叉车的L形行驶主要涉及叉车的左转弯和右转弯或叉车的左倒退和右倒退。L形路线也是叉车行驶中常见的路线之一。本项目以电动叉车为例进行讲解。

一、叉车 L 形前进操作步骤

　　叉车 L 形前进操作主要包含叉车的左转弯和右转弯，具体主要有起步、前进、转弯、停车四个操作步骤。在前面已经学习了叉车的起步、前进和停车，这里主要介绍叉车的转弯操作。叉车 L 形前进操作步骤见表 2—9。

表 2—9　　　　　　　　　　　　　　叉车 L 形前进操作步骤

序号	操作图示	操作说明
1		完成起步操作后，轻踩加速踏板，匀速前进，适当调整方向
2		叉车接近转角时，根据转弯方向打开相应的转向灯
3		当叉车前轮靠近转角时，转动转向盘进行转弯

序号	操作图示	操作说明
4		转弯后，及时回正转向盘，匀速直行前进并关闭转向灯

二、叉车 L 形前进操作规范

在进行叉车的 L 形前进操作时，无论是左转弯还是右转弯都需要按照之前学习过的正确操作流程和操作规范完成叉车的起步、前进等操作。叉车在转弯之前应适当减速，禁止加速转弯。叉车在转弯时，不要大幅度转动转向盘，应该少转微调。当转弯操作完成后，应及时回正转向盘，回正时要缓慢回正并进行微调。

三、叉车 L 形后退操作步骤

当叉车作业遇到转弯路线，且货叉上有货物或货叉上的货物阻碍司机的视线时，为了确保叉车行驶作业的安全，可以将叉车进行 L 形后退操作。叉车 L 形后退操作步骤见表 2—10。

表 2—10　　　　　　　　　叉车 L 形后退操作步骤

序号	操作图示	操作说明
1		完成起步操作后，挂倒挡，边观察车后情况边轻踩加速踏板，匀速后退，适当调整方向

续表

序号	操作图示	操作说明
2		叉车接近转角时，根据转弯方向打开相应的转向灯
3		当叉车前轮靠近转角时，转动转向盘进行后退转弯
4		转弯后，及时回正转向盘，匀速直行后退并关闭转向灯

四、叉车 L 形后退操作规范

在进行 L 形后退操作时，司机要握住转向盘，目视后方或后视镜。行驶时，尽量行驶在道路的中央。后退时速度要慢，如果出现方向偏离，则应该缓慢调整转向盘，并应转多少回多少。转向盘转动速度不要太快，幅度不要太大，同时确保驾驶安全。

五、叉车掉头和直角转弯的操作技巧

1. 叉车掉头的操作技巧

叉车掉头时应该选择较宽且平坦的路面进行操作。

叉车掉头时应先降低车速，注意周围路况。

叉车掉头时可以选择前进掉头或倒退掉头，但是在调整方向时不要将转向盘打满。

叉车掉头之后要迅速回正转向盘，保持直行。

如果叉车掉头时道路较窄，可以不断重复前进、后退等操作，操作结束后，挂前进挡驾驶。

2. 叉车直角转弯的操作技巧

叉车前进准备直角转弯时，应靠近转向角的内侧。转弯时，若无法看清直角弯的路况，可以鸣笛示意并减速驾驶，转弯后应注意及时回正方向。

 训练内容与要求

驾驶电动叉车完成叉车的 L 形前进操作和 L 形后退操作。操作结束后，将叉车停放到指定位置。叉车 L 形行驶操作场地和路线如图 2—8 所示。

1. 实训活动准备

准备叉车实训场地。准备电动叉车 1 辆、安全帽 2 个。

将学生进行分组，建议分成 2 组。由各组自选组长并安排好学生的操作顺序。组长负责协助教师维持实训纪律。

教师要在实训前仔细说明实训的操作要求、安全事项，组织学生完成实训操作，在实训的过程中及时进行指导，纠正学生的错误。操作结束后，教师要及时总结。

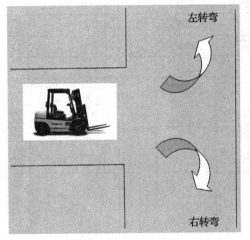

图 2—8　叉车 L 形行驶操作场地和路线

2. 操作规范和操作要求

在进行 L 形前进、后退操作时，叉车的车速都不宜过快。

叉车前进或后退转弯时，应该适当减速。左转弯时，打左转向灯；右转弯时，打右转向灯。

叉车行驶时，严禁升降货叉。

叉车前进或后退时，操作区域内不得有行人通过。学生必须在等待区内观看操作。

叉车转弯时不得出现人车分离现象。特别是司机视线受阻时，为了确保安全，应挂空挡，拉起手制动手柄，下车检查路线安全情况后再确定是否驾驶。

在操作时，严禁将身体探出驾驶室外，可根据自身需要调整后视镜及驾驶座椅。

 训练步骤

步骤一：由教师完成叉车的 L 形前进左转弯和右转弯操作。
步骤二：学生根据视频和教师的实际操作进行上车演练。
步骤三：由教师完成叉车的 L 形后退左转弯和右转弯操作。
步骤四：学生根据视频和教师的实际操作进行上车演练。
步骤五：学生填写实训任务书（见表 2—11）。

表 2—11   实训任务书

班级		姓名	
实训项目		实训时间	
实训地点		指导教师	
训练内容			
操作步骤			
操作规范			
存在问题			
实训收获			

训练评价

叉车 L 形行驶操作技能评价标准见表 2—12。

表 2—12 叉车 L 形行驶操作技能评价标准

姓名		班级		
任务名称		日期		
评价内容	评价标准	分值	小组评价	教师评价
知识与技能考评 （60 分）	能够正确完成叉车的 L 形前进左转弯	15		
	能够正确完成叉车的 L 形前进右转弯	15		
	能够正确完成叉车的 L 形后退左转弯	15		
	能够正确完成叉车的 L 形后退右转弯	15		
职业素养考评 （40 分）	学习前做好相关的准备工作	10		
	学习中能够积极与教师和同学沟通	10		
	能够独立完成实训任务书	10		
	能够查找自身驾驶技术的不足并改进	10		
总分		100		

项目四 叉车 8 字形行驶

叉车 8 字形行驶主要考验司机对方向的掌控能力。掌握正 8 字形行驶和倒 8 字形行驶的技术，有利于适应各种道路的转向操作。进行 8 字形行驶操作训练所使用的训练器材主要包括废旧轮胎、铁桩、绕桩杆，见表 2—13。其中，废旧轮胎主要用于初学者练习，铁桩和绕桩杆主要用于技能提升。

表 2—13 叉车 8 字形行驶操作所使用的训练器材

序号	器材图片	器材名称
1		废旧轮胎

续表

序号	器材图片	器材名称
2		铁桩
3	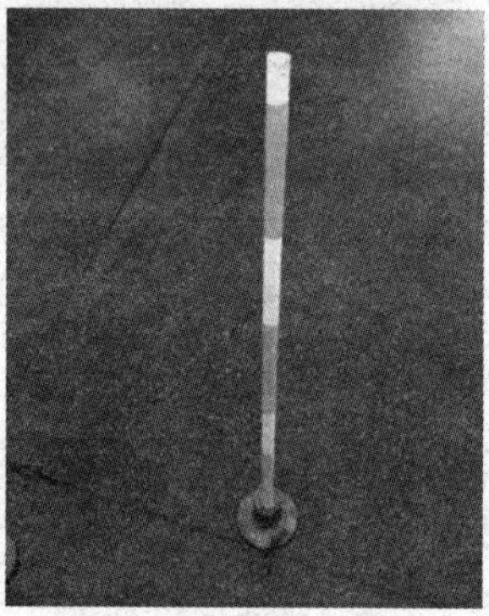	绕桩杆

一、叉车 8 字形行驶操作步骤

叉车 8 字形行驶操作主要包括 8 字形前进操作和 8 字形后退操作。

叉车 8 字形前进操作步骤见表 2—14。

表 2—14　　　　　　　　　　叉车 8 字形前进操作步骤

序号	操作图示	操作说明
1		驾驶叉车从第一根绕桩杆的左边（从司机的方向看，下同）匀速直行前进

序号	操作图示	操作说明
2		当叉车右前轮到达第一根绕桩杆时，转向盘往右转
3		叉车驶过第一根绕桩杆后，回正转向盘，向第二根绕桩杆右侧驶去。当叉车左前轮到达第二根绕桩杆时，转向盘往左转
4		车体围绕第二根绕桩杆旋转180°
5		叉车整体驶过第二根绕桩杆后，回正转向盘，叉车继续前行，向第一根桩杆左侧驶去。当叉车右前轮到达第一根绕桩杆时，转向盘往右转
6		转向盘保持向右，车体围绕第一根绕桩杆旋转180°，然后回正转向盘，回到初始位置

续表

序号	操作图示	操作说明
7		挂空挡，拉起手制动手柄，将货叉前倾并降至地面，关闭电源

叉车 8 字形后退操作步骤见表 2—15。

表 2—15   叉车 8 字形后退操作步骤

序号	操作图示	操作说明
1		驾驶叉车匀速后退至第一根绕桩杆的左边
2		当叉车一半车身驶过第一根绕桩杆左侧时，向右转动转向盘。当叉车的货叉离开第一根绕桩杆后，回正转向盘，向第二根绕桩杆右侧驶去
3		当叉车一半车身驶过第二根绕桩杆右侧时，向左转动转向盘，车体围绕第二根绕桩杆旋转 180°，然后回正转向盘

序号	操作图示	操作说明
4		叉车回正后，驾驶叉车向第一根绕桩杆左侧驶去
5		当叉车一半车身驶过第一根绕桩杆左侧时，向右转动转向盘
6		转向盘保持向左，车体围绕第一根绕桩杆旋转 180°，然后回正转向盘，回到初始位置
7		挂空挡，拉起手制动手柄，将货叉前倾并降至地面，关闭电源

二、叉车8字形行驶操作技巧

在进行叉车8字形行驶操作时，要特别注意掌握转向的时机。一般来说，正8字形行驶要注意前轮到达绕桩杆的时机，倒8字形行驶要注意叉车一半车身驶过绕桩杆的时机。

无论是正8字形行驶操作还是倒8字形行驶操作，车速始终不宜过快，要匀速前进或倒退。刚开始练习时要使用低速挡，待操作熟练后，再适当加快车速。转动转向盘时可进行方向微调，不能大幅度转动转向盘，以免出现撞杆现象。

 训练内容与要求

驾驶电动叉车完成叉车的8字形前进操作和8字形后退操作。操作结束后，将叉车停放到指定位置。叉车8字形行驶操作场地和路线如图2—9所示。

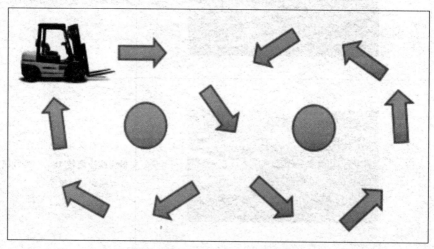

图2—9　叉车8字形行驶操作场地和路线

1. 实训活动准备

准备叉车实训场地。准备1辆电动叉车、2个安全帽、2个铁桩或2个废旧轮胎、2根1 m长的绕桩杆。

将学生进行分组，建议分成2组。由各组自选组长并安排好学生操作的顺序。组长负责协助教师维持实训纪律。

教师要在实训之前仔细说明实训的操作要求、安全事项，组织学生完成实训操作，在实训过程中及时进行指导，纠正学生的错误。操作结束后，教师要及时总结。

2. 操作规范和操作要求

应在规定的时间和指定的场地内，驾驶叉车进行绕桩训练。在驾驶的过程中不允许轮胎压线或超出指定区域，不得撞击障碍物。绕桩结束后将叉车停放到起始位置。操作必须在 5 min 内完成。

8字形前进、后退操作中，叉车的车速都不宜过快，前进或后退转弯时，应该适当减速。

驾驶叉车时不能碰绕桩杆或外边界线，中途如果需要停车，必须拉起手制动手柄。驾驶叉车转向时一定要掌握、控制好转动转向盘和回正转向盘的时机和速度。当叉车过了第一个桩时，需要马上改变前进的目标，及时观察第二个桩的位置，并灵活调整自己的驾驶方向。

训练步骤

步骤一： 由教师完成叉车的8字形前进操作。

步骤二： 学生根据视频和教师的实际操作进行上车演练。

步骤三： 由教师完成叉车的8字形后退操作。

步骤四： 学生根据视频和教师的实际操作进行上车演练。

步骤五： 学生填写实训任务书（见表2—16）。

表 2—16　　　　　　　　　　　　　　　实训任务书

班级		姓名	
实训项目		实训时间	
实训地点		指导教师	
训练内容			
操作步骤			
操作规范			

续表

训练内容	
存在问题	
实训收获	

训练评价

叉车 8 字形行驶操作技能评价标准见表 2—17。

表 2—17　　　　　　叉车 8 字形行驶操作技能评价标准

姓名			班级		
任务名称			日期		
评价内容	评价标准		分值	小组评价	教师评价
知识与技能考评（60 分）	能够正确完成叉车的 8 字形前进操作		25		
	能够正确完成叉车的 8 字形后退操作		25		
	能够正确说出叉车 8 字形行驶的技术要领		10		
职业素养考评（40 分）	学习前做好相关的准备工作		10		
	学习中能够积极与教师和同学沟通		10		
	能够独立完成实训任务书		10		
	能够查找自身驾驶技术的不足并改进		10		
总分			100		

项目五　叉车取货和卸货

一、叉车取货操作步骤

叉车取货操作的主要步骤分别是驶近货位、货叉水平、调整叉高、进叉取货、货叉微提、门架后倾、调整货叉、驶离货位，见表2—18。

表 2—18　　　　　　　　　　　　　　叉车取货操作步骤

序号	操作图示	操作说明
1		驾驶叉车匀速行驶到托盘前面30 cm左右处停车
2		将门架前倾，使货叉调整至水平
3		根据货物的高度或托盘插入口的高度调整货叉高度
4		缓慢将货叉插入托盘插入口，直到货物与挡货架贴合

续表

序号	操作图示	操作说明
5		起升货叉
6		挂倒挡，后退至距离原存货位置30 cm左右处停车
7		在不妨碍其他货物的基础上，将门架后倾，防止货物中途掉落
8		将货叉升高至距离地面30 cm左右，驾驶叉车驶离货位

二、叉车卸货操作步骤

叉车卸货操作的主要步骤分别是驶近货位、货叉水平、调整叉高、进车对位、降叉卸货、倒车抽叉、门架后倾、调整叉高、驶离货位，见表2—19。

表 2—19　　　　　　　　　　　叉车卸货操作步骤

序号	操作图示	操作说明
1		驾驶叉车，带着叉取的货物匀速行驶至距离卸货位 30 cm 左右处停车
2		将门架前倾，使货叉调整至水平
3		根据货位高度调整货叉高度，货叉高度应比货位高度高 5～10 cm

续表

序号	操作图示	操作说明
4		将货物对准货位，驾驶叉车继续向前，使货物位于货位的正上方
5		缓慢降低货叉，直至货物放置到规定的存放位置，注意货叉不要停落在货架上或地面上
6		驾驶叉车缓慢后退，使货叉离开货垛，直至车身距离原货位 30 cm 左右，停车
7		在不妨碍其他货物的基础上，将门架后倾

序号	操作图示	操作说明
8		将货叉升高至距离地面 30 cm 左右，驾驶叉车驶离货位

训练内容与要求

驾驶电动叉车完成叉车的取货操作和卸货操作。操作结束后，将叉车停放到指定位置。叉车取货、卸货操作场地和路线如图 2—10 所示。

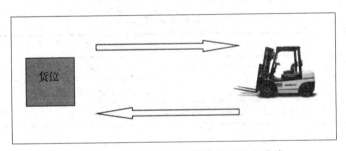

图 2—10　叉车取货、卸货操作场地和路线

1. 实训活动准备

准备叉车实训场地。准备 1 辆电动叉车、2 个安全帽、2 个铁桩或 2 个废旧轮胎、2 根 1 m 长的绕桩杆。

将学生进行分组，建议分成 2 组。由各组自选组长并安排好学生操作的顺序。组长负责协助教师维持实训纪律。

教师要在实训前仔细说明实训的操作要求、安全事项，组织学生完成实训操作，在实训的过程中及时进行指导，纠正学生的错误。操作结束后，教师要及时总结。

2. 操作规范和操作要求

叉车取货、卸货作业的前进或后退操作中，车速都不宜过快。转弯时，应该适当减速。

叉车行驶时，严禁升降货叉，操作区域内不得有行人通过。学生必须在等待区内观看操作。

叉车转弯时不得出现人车分离现象。特别是司机视线受阻时，为了确保安全，应挂空挡，拉起手制动手柄，下车检查路线安全情况后再确定是否继续驾驶。

操作时，严禁将身体探出驾驶室外，可根据自身需要调整后视镜及驾驶座椅。

 训练步骤

步骤一：由教师完成叉车取货操作。
步骤二：学生根据视频和教师的实际操作进行上车演练。
步骤三：由教师完成叉车卸货操作。
步骤四：学生根据视频和教师的实际操作进行上车演练。
步骤五：学生填写实训任务书（见表2—20）。

表2—20 实训任务书

班级		姓名	
实训项目		实训时间	
实训地点		指导教师	
训练内容			
操作步骤			
操作规范			
存在问题			
实训收获			

训练评价

叉车取货和卸货操作技能评价标准见表2—21。

表 2—21　　　　　　　　叉车取货和卸货操作技能评价标准

姓名		班级		
任务名称		日期		
评价内容	评价标准	分值	小组评价	教师评价
知识与技能考评 （60分）	能够正确完成叉车的取货作业	30		
	能够正确完成叉车的卸货作业	30		
职业素养考评 （40分）	学习前做好相关的准备工作	10		
	学习中能够积极与教师和同学沟通	10		
	能够独立完成实训任务书	10		
	能够查找自身驾驶技术的不足并改进	10		
总分		100		

项目六　叉车托盘上架和下架

一、叉车托盘上架操作步骤

叉车托盘上架操作的主要步骤分别是驶近货架、货叉水平、调整叉高、驶入储位、轻放托盘、抽出货叉、调整叉高、门架后倾、驶离货架，见表2—22。

表 2—22　　　　　　　　　　叉车托盘上架操作步骤

序号	操作图示	操作说明
1	（图片）	驾驶带有托盘货物的叉车，缓慢驶至距离货架30 cm左右

序号	操作图示	操作说明
2		将门架前倾，使货叉和货物调整至水平
3		缓慢调整货叉高度，使托盘的高度略高于货架储位的高度
4		将托盘对准储位，驾驶叉车驶入货位。一般托盘的长度大于货架的宽度，因此托盘应居中，但与货架边缘距离 10 cm 左右，同时托盘要与邻近储位的托盘和旁边的货架都保持 10 cm 左右的安全距离
5		缓慢将托盘放在货架上
6		在确保货物平稳放下后，挂倒挡，缓慢后退，抽出货叉

序号	操作图示	操作说明
7		后退至货叉距离货架 30 cm 左右处停车,将货叉调整至距离地面约 30 cm
8		将门架后倾,驾驶叉车驶离货架

二、叉车托盘下架操作步骤

叉车托盘下架操作的主要步骤分别是驶近货架、货叉水平、调整叉高、进叉取货、微提托盘、叉车后退、调整叉高、门架后倾、驶离货架,见表 2—23。

表 2—23　　　　　　　　　叉车托盘下架操作步骤

序号	操作图示	操作说明
1		驾驶叉车缓慢驶至距离货架30 cm 左右

序号	操作图示	操作说明
2		将门架前倾，使货叉调整至水平
3		根据托盘插入口的高度调整货叉高度
4		缓慢地将货叉插入托盘插入口，直到货物与挡货架贴合
5		缓慢起升货叉，将托盘升起，注意不要升得过高，以免撞上货架上面的横梁

序号	操作图示	操作说明
6		挂倒挡，后退至托盘距离货架30 cm左右处停车，注意确保货物平稳
7		将货叉调整至距离地面 30 cm左右
8		将门架后倾，驾驶叉车驶离货架

 训练内容与要求

驾驶电动叉车完成叉车托盘的上架操作和下架操作。操作结束后，将叉车停放到指定位置。叉车托盘上架和下架操作场地和路线如图 2—11 所示。

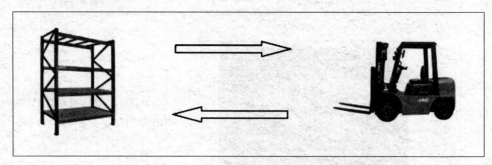

图 2—11　叉车托盘上架和下架操作场地和路线

1. 实训活动准备

准备叉车实训场地。准备 1 辆电动叉车、2 个安全帽、1 组货架、1 个托盘、15 箱模拟货物。

将学生进行分组，建议分成 2 组。由各组自选组长并安排好学生操作的顺序。组长负责协助教师维持实训纪律。

教师要在实训之前仔细说明实训的操作要求、安全事项，组织学生完成实训操作，在实训过程中及时进行指导，纠正学生的错误。操作结束后，教师要及时总结。

2. 操作规范和操作要求

托盘的上架和下架都要做到轻取轻放，不要撞击货架，一定要对准储位，存放时不要碰撞旁边的货物，保证人身安全、财产安全和设备安全。

当叉车倒车时速度要慢一些，不要太快。如果快速后退会使叉车剧烈摇晃，导致货物容易倾倒。

 训练步骤

步骤一： 由教师完成叉车的托盘上架操作。

步骤二： 学生根据视频和教师的实际操作进行上车演练。

步骤三： 由教师完成叉车的托盘下架操作。

步骤四： 学生根据视频和教师的实际操作进行上车演练。

步骤五： 学生填写实训任务书（见表 2—24）。

表 2—24 **实训任务书**

班级		姓名	
实训项目		实训时间	
实训地点		指导教师	

训练内容	
操作步骤	
操作规范	
存在问题	
实训收获	

 训练评价

叉车托盘上架和下架操作评价标准见表 2—25。

表 2—25 叉车托盘上架和下架操作评价标准

姓名		班级		
任务名称		日期		
评价内容	评价标准	分值	小组评价	教师评价
知识与技能考评（60分）	能够正确完成叉车托盘上架作业	30		
	能够正确完成叉车托盘下架作业	30		
职业素养考评（40分）	学习前做好相关的准备工作	10		
	学习中能够积极与教师和同学沟通	10		
	能够独立完成实训任务书	10		
	能够查找自身驾驶技术的不足并改进	10		
总分		100		

模块三　叉车保养点检和安全操作

项目一　叉车保养和点检作业

科学合理的保养和点检能够使叉车保持良好的车况，使叉车的工作正常可靠，是一项非常重要的日常作业活动。

一、叉车保养概述

1. 日常维护

日常维护是指每班工作后对叉车进行检查和维护，叉车日常维护的作业内容见表 3—1。

表 3—1　　　　　　　　　叉车日常维护的作业内容

序号	作业项目	说明
1	清洗叉车上的污垢	重点检查和清洗货叉架及门架滑道、发电机及起动器、蓄电池电极柱、水箱、空气滤清器
2	检查各部位的紧固情况，并做相应处理	重点检查货叉架支承部件、起重链条拉紧螺钉、车轮螺钉、车轮固定销、制动器、转向器螺钉
3	检查叉车转向器，并做相应处理	检查转向器的可靠性、灵活性
4	检查叉车渗漏情况，并做相应处理	重点检查各管路接头、柴油箱、机油箱、制动泵、升降油缸、倾斜油缸、水箱、水泵、发动机油底壳、变矩器、变速器、驱动桥、主减速器、液压转向器、转向油缸
5	检查轮胎气压，并做相应处理	如果气压不足，应补充至规定值，确认不漏气。检查轮胎接地面和侧面有无破损，轮辋是否变形

续表

序号	作业项目	说明
6	检查制动液、水量，并做相应处理	查看制动液液位是否在刻度范围内，并检查制动管路内是否混入空气。添加制动液时，要防止灰尘、水混入。向水箱加水时，应使用清洁自来水；若使用了防冻液，应加注同样牌号的防冻液。水温高于70℃时，不要打开水箱盖，不要戴手套拧水箱盖，打开盖子时，要垫一块薄布
7	检查发动机机油、液压油、电解液，并做相应处理	先拔出机油标尺，擦净尺头后插入再拉出，检查油位是否在上下刻度线之间。各工作油箱内油位应在上下刻度线之间。油太少，管路中会混入空气，油太多会从盖板溢出。蓄电池电解液液位也同样要处在上下刻度线之间，不足则要加蒸馏水到顶线。此外，还要检查机油清洁度，除去机油滤清器中的沉淀物
8	检查制动踏板、微动踏板、离合器踏板、手制动手柄，并做相应处理	踩下各踏板，检查是否有异常迟钝或卡阻。手制动手柄的作用力应小于300 N，手制动应安全可靠
9	检查传动带、蜂鸣器、车灯、仪表等，并做相应处理	检查传动带松紧度是否符合规定，没有调整余量、破损或有裂纹的必须更换。蜂鸣器、车灯、仪表均应正常

在保养过程中，还要注意及时检查和加注补充液、防冻液。柴油叉车的水箱要及时加注冷却水，在天气比较寒冷的情况下要及时加注防冻液。电动叉车每隔一段时间都要检查电池组的液面情况，并及时加注电解液。旧蓄电池的维护主要是加注蓄电池补充液和蒸馏水，另外需要调节酸碱度。对新蓄电池进行加注时应使用电解液和稀硫酸液。加注时千万不能出错，以免减少电池组的使用寿命。

2. 一级技术保养

一级技术保养在叉车累计工作100 h（相当于2周）后进行。其作业内容与上述日常维护的作业内容相同，并包括以下工作：

检查气缸压力或真空度是否正常。

检查气门间隙是否正常。

检查节温器工作是否正常。

检查多路换向阀、升降油缸、倾斜油缸、转向油缸及齿轮泵的工作是否正常。

检查变速器的换挡是否正常。

检查制动器制动片与制动鼓的间隙是否正常。

更换油底壳内机油，检查曲轴箱通风接管是否完好，清洗机油滤清器和柴油滤清器滤芯。

检查发动机及起动电动机安装是否牢固，接线头是否清洁、牢固，检查碳刷和整流子有无磨损。

检查风扇传动带的松紧程度是否合适。

检查车轮安装是否牢固，轮胎气压是否符合要求，并清除胎面嵌入的杂物。

若因进行保养而拆散零部件，则重新装配后要进行叉车路试。

检查柴油箱进油口过滤网是否堵塞、破损，若是则清洗或更换过滤网。

3. 二级技术保养

二级技术保养在叉车累计工作 500 h 或一个季度后进行。其作业内容与上述一级技术保养的作业内容相同，并包括下列工作：

清洗各油箱、过滤网及管路，并检查有无腐蚀、破裂，清洗后不得用带有纤维的纱头、布料抹擦。

清洗变矩器、变速箱，检查零件磨损情况，更换新油。

检查传动轴轴承，视需要调换万向节十字轴方向。

检查驱动桥各部件紧固情况及有无漏油现象，疏通气孔。拆检主减速器、差速器、轮边减速器，调整轴承轴向和间隙，添加或更换润滑油。

拆检、调整和润滑前后轮毂，进行半轴换位。

清洗制动器，调整制动鼓和制动蹄摩擦片的间隙。

清洗转向器，检查转向盘的自由转动量。

拆卸及清洗齿轮油泵，注意检查齿轮、壳体和轴承的磨损情况。

拆卸多路阀，检查阀杆与阀体的间隙，如无必要，勿拆开安全阀。

检查转向节有无损伤和裂纹，检查转向桥主销与转向节的配合情况，拆检纵横拉杆和转向臂各接头的磨损情况。

拆卸轮胎，对轮辋除锈刷漆，检查内外胎和垫带，换位并按规定充气。

检查手制动机件的连接紧固情况，调整手制动手柄和制动踏板的工作行程。

检查蓄电池电解液密度，如与要求不符，必须拆下充电。

清洗水箱及油散热器。

检查货架、车架有无变形，拆洗滚轮，检查各附件是否固定可靠，必要时补添或焊牢。

拆检起升油缸、倾斜油缸和转向油缸，更换磨损的密封件。

检查各仪表感应器、熔丝和各种开关，必要时进行调整。

4. 全车润滑

新叉车或长期停止工作的叉车在开始使用的两周内，对应进行润滑的轴承加油润滑时，应利用新油将陈油全部挤出并润滑两次以上，同时应注意以下几点：

润滑前应清除油盖、油塞和油嘴上面的污垢，以免污垢落入机件内部。

用油脂枪压注润滑剂时，应压注到各部件的零件接合处挤出润滑剂为止。

在夏季或冬季应更换季节性润滑剂（机油等）。

二、叉车点检概述

　　叉车点检是指在连续使用叉车前或在叉车使用交接班时，对叉车零部件的使用状态进行检查。它的目的在于通过安全检查明确叉车部件的状况，确保作业人员的人身安全，防止发生事故，延长叉车使用寿命，减少叉车维修成本和使用成本。

　　叉车点检的常规检查对象包括轮胎、轮毂、货叉、座椅、靠背、护顶架、安全带、仪表盘、液压软管、链条、缆绳、液压油、发动机油和燃料（检测泄漏）等。

三、叉车点检的主要内容

1. 叉车轮胎的点检

　　根据相关统计，当叉车轮胎磨损到磨损标志附近时，燃料消耗会增加 7%～10%，行驶速度会下降 15%。磨损严重的轮胎和正常轮胎对比如图 3—1 所示。

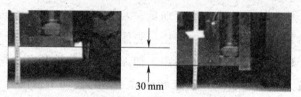

图 3—1　磨损严重的轮胎和正常轮胎对比

　　如果超过了轮胎的磨损极限，叉车的高度就会下降。这样的叉车在高低不平的路面或者斜坡处行驶时，其下部容易碰到路面，差速器、液压软管等重要部件容易破损。因此，发现轮胎达到磨损极限或轮胎有鼓包、裂纹时必须更换轮胎。轮胎也需要定期充气。叉车胎压一般为 7～8 个标准大气压，高于一般轿车的车轮胎压。

　　进行叉车轮胎点检时，要先将叉车停放在安全区域，拉起手制动手柄，关闭电源。再检查轮胎是否到达磨损标志顶点附近，以及轮胎胎面是否磨损严重，是否有鼓包、裂纹等情况。部分轮胎磨损标志位置如图 3—2 所示。新轮胎和有故障的轮胎如图 3—3 所示。

a)　　　　　　　　b)　　　　　　　　c)　　　　　　　　d)

图 3—2　部分轮胎磨损标志位置

a) 爱知轮胎　b) 普利司通轮胎　c) 邓禄普轮胎　d) 横滨轮胎

a）

b）

c）

d）

图 3—3　新轮胎和有故障的轮胎

a）新轮胎　b）磨损严重的轮胎　c）有鼓包的轮胎　d）有裂纹的轮胎

2. 叉车制动液的点检

制动液渗漏导致液量不足会直接影响制动器的工作。长期使用的制动液会产生杂质，变得污浊。使用中的制动液会吸收空气中的水分，长期不更换会导致制动失效，酿成事故。因此，叉车制动液点检是十分必要的。

叉车制动液点检的步骤如下：

将叉车停在平坦的区域，拉起手制动手柄，关闭电源。在制动踏板附近找到并打开制动液储液盒盖，如图 3—4 所示。

检查制动液是否减少，应确保制动液液量占制动液储液盒容积的 3/4 左右。正确的制动液液面高度如图 3—5 所示。

图 3—4　制动液储液盒

正确的制动液液面高度

图 3—5　正确的制动液液面高度

检查制动液是否有杂质、是否污浊，新旧制动液的对比如图 3—6 所示。

使用制动液检测笔检查制动液的含水量。制动液检测笔的使用方法见表 3—2。

a)   b)   c)

图 3—6　新旧制动液的对比

a）新制动液　b）有杂质的制动液　c）污浊的制动液

表 3—2　　　　　　　　　　　制动液检测笔的使用方法

制动液检测笔	使用示意图

使用说明：

按下开关开启电源，绿色 LED 灯亮表示电池正常，不亮表示要更换电池

0％亮灯表示：电池完好，不用更换

1％亮灯表示：制动液含水量低于 1％，制动液性能良好，可放心使用

2％亮灯表示：制动液含水量约 2％，制动液可继续使用

3％亮灯表示：制动液含水量约 3％，建议更换制动液

4％亮灯表示：制动液含水量至少为 4％，需立刻更换制动液

注意：每次检测完要用干燥的布或者纸把检测笔测试点的液体擦拭干净

3. 叉车液压油的点检

如果液压油渗漏导致油量不足，会直接影响液压装置的正常工作。长期使用的液压油在高温、氧化环境中会产生杂质，变得污浊，如果长期不更换会发生事故。

叉车液压油点检的步骤如下：

将叉车停在平坦的区域，将货叉降至地面并前倾，拉起手制动手柄，关闭电源。找到并打开液压油储液盒盖。液压油储液盒位置如图 3—7 所示。

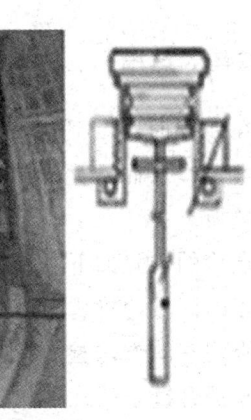

图 3—7　液压油储液盒位置

　　检查液压油是否减少，应确保油位在液压油标尺两条刻度线之间。液压油标尺刻度线如图 3—8 所示。

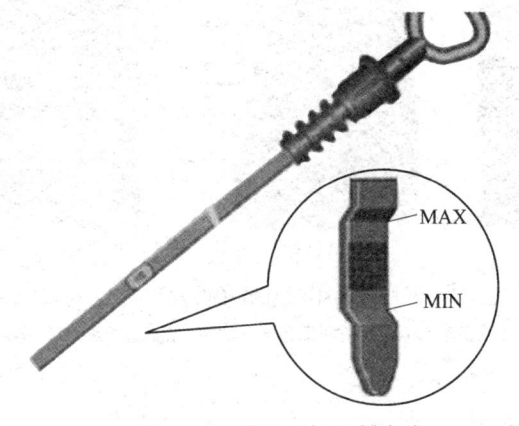

图 3—8　液压油标尺刻度线

　　检查液压油是否有杂质、是否污浊。新旧液压油对比如图 3—9 所示。

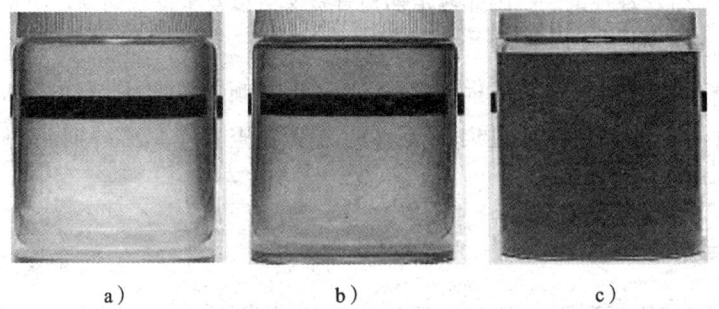

a）　　　　　　　　b）　　　　　　　　c）

图 3—9　新旧液压油对比

a）新液压油　b）有杂质的液压油　c）污浊的液压油

4. 叉车提升链条的点检

叉车提升链条在使用时会受到很大的拉伸力、弯曲力，会发生磨损和拉伸，还不可避免会被雨淋而生锈，从而产生异常状况，并容易引发各种事故，因此需在链条到达拉伸极限前尽早更换。

叉车提升链条点检的步骤如下：

将叉车停在平坦的区域，将货叉降至距离地面不高于 50 cm 处，拉起手制动手柄，关闭电源。通过肉眼观察的方法检查叉车提升链条各个连接处的缝隙大小，必要时可以使用手电筒。叉车提升链条的几种状态如图 3—10 所示。

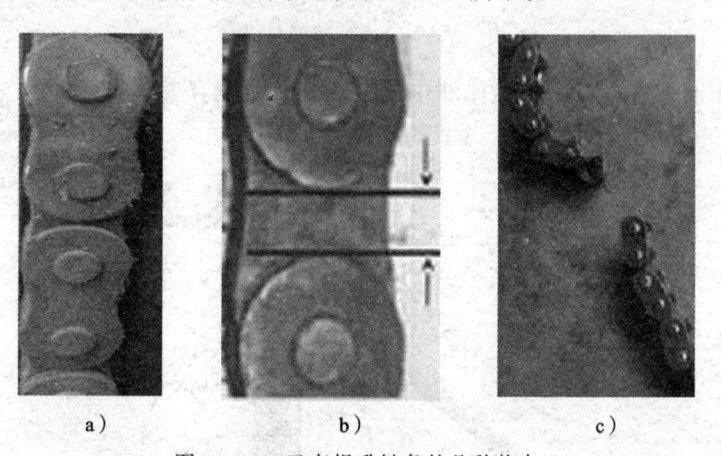

a）　　　　　　　　b）　　　　　　　　c）

图 3—10　叉车提升链条的几种状态

a）链条正常状态　b）链条间隙过大　c）链条超过拉伸极限而断裂

5. 叉车货叉的点检

叉车货叉同地面和托盘摩擦会产生磨损，还可能产生龟裂，如果在产生龟裂后继续使用会发生折断，引发各种事故。因此，定期检查货叉可以及早发现问题，防止发生事故。

叉车货叉点检的步骤如下：

将叉车停在平坦的区域，将货叉降至地面并前倾。拉起手制动手柄，关闭电源。用毛刷刷去货叉上的灰尘。通过肉眼观察的方法检查叉车，必要时可以使用手电筒。货叉裂纹检查如图 3—11 所示。

6. 叉车电解液的点检

即使在正常使用情况下，叉车电解液也会因蒸发而一点点减少，因此需及时对叉车电解液进行点检，特别是在过度充电和夏天蒸发量变大时，尤其要引起注意。电解液不足会导致充电不良，使电池寿命缩短。在电池内部，未被电解液浸润的极板、极

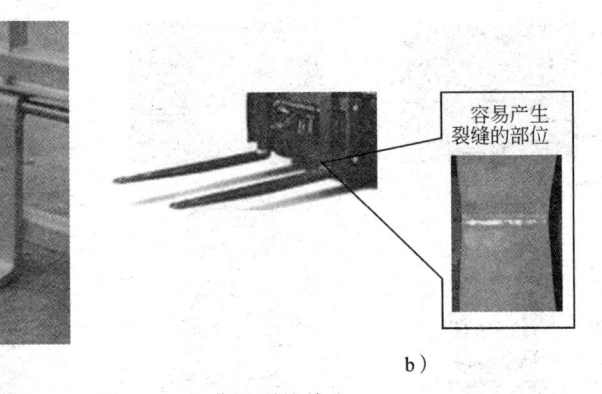

a)   b)

图 3—11　货叉裂纹检查

a) 货叉正常状态　　b) 货叉产生裂纹

柱会发生酸化，活性物质会脱落，并进而产生火花。如图 3—12 所示。

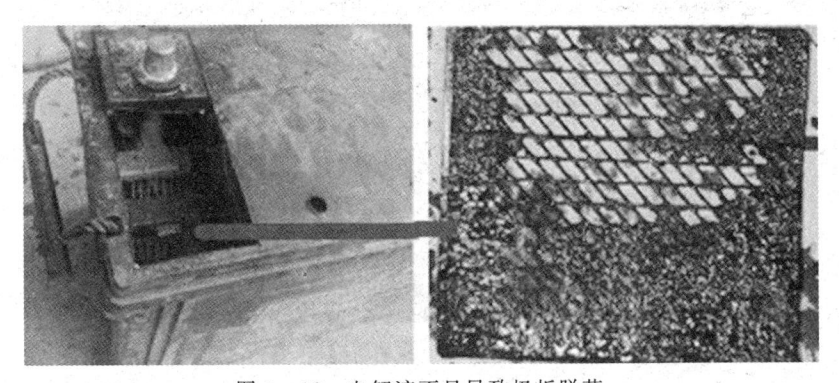

图 3—12　电解液不足导致极板脱落

电解液过多会产生漏液，这是引起叉车蓄电池漏电、腐蚀的主要原因，因此必须定期检查叉车电解液，确保叉车动力正常。

叉车电解液点检的步骤如下：

将叉车停在安全的区域，拉起手制动手柄，关闭电源。打开电池箱盖，逐个检查叉车电解液加液盖内电解液的高度，红色电解液浮标杆上的白色带子处为最高限度。电解液高度的三种状态如图 3—13 所示。

7. 叉车接触器触点的点检

叉车在行驶、装卸作业时，接触器的触点经过反复开关会变薄、磨损，可能产生故障。接触器异常可能导致叉车无法正常行驶和装卸。

叉车接触器触点点检的步骤如下：

将叉车停放在安全区域，拉起手制动手柄，关闭电源。戴好绝缘手套，打开叉车电池后盖，找到接触器。叉车接触器如图 3—14 所示。

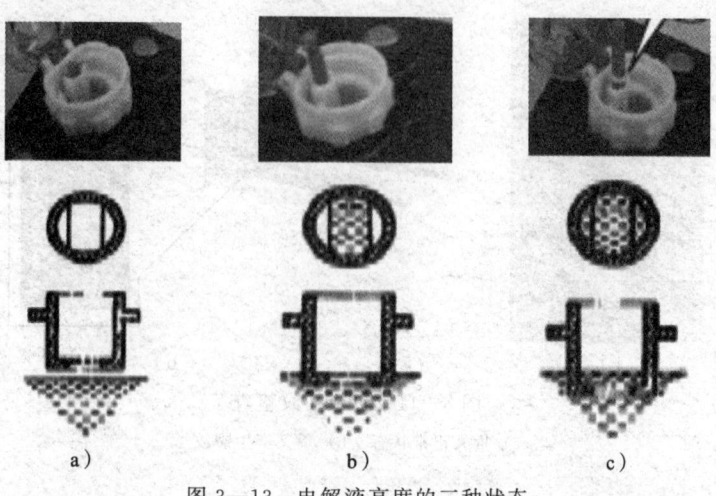

图 3—13　电解液高度的三种状态

a）电解液液位不足状态　b）电解液液位适中状态　c）电解液液位过高状态

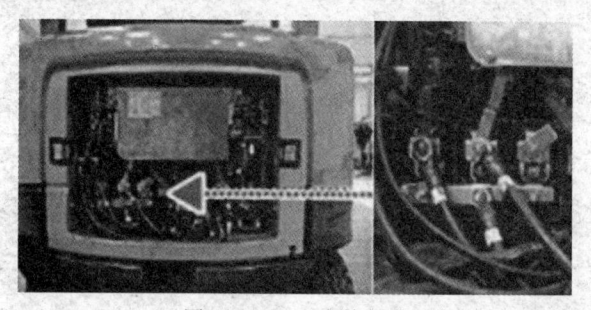

图 3—14　叉车接触器

检查每一个接触器的触点是否氧化或因长时间使用而变薄。新旧接触器对比如图 3—15所示。

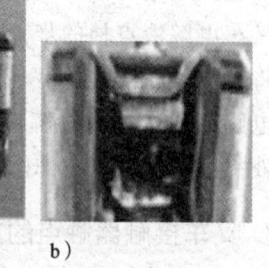

图 3—15　新旧接触器对比

a）新的接触器　b）需要更换的接触器

此外，叉车点检时还要注意检查车灯、后视镜、转向盘、安全带、蜂鸣器、管路、电线、制动部件、驱动控制部件和升降控制部件等是否工作正常。

 **训练内容与要求**

根据叉车点检作业表（见表3—3）对叉车进行点检，做好记录，并对叉车进行日常维护。

表 3—3 叉车点检作业表

序号	点检项目	标准	方法	状态
	目的	保证人身安全和车辆安全，能够及时发现异常		
	定义	工作前对设备进行必要检查，发现问题立即上报		
1	轮胎	外观良好，胎压正常	目测和仪器测量	
2	车灯	开闭正常，牢固无损	试车	
3	后视镜	未松脱，镜面清晰	目测	
4	转向盘	转向正常	试车	
5	安全带	完好有效，可正常扣紧和解开	试车	
6	蜂鸣器	发声正常	试车	
7	提升链条	链条无锈蚀，间隙正常	目测	
8	货叉	无裂纹	目测	
9	管路、电线	管路完整畅通，无跑、冒、滴、漏，电线无断裂、破损	目测	
10	驱动控制部件	可正常驱动	试车	
11	升降控制部件	可正常升降	试车	
12	制动部件	减速和停车正常，手制动手柄正常	试车	
13	制动液	液量、含水量达标	目测和仪器测量	
14	液压油	油量适中，没有溢漏	目测和仪器测量	
15	蓄电池电解液	液量达标	目测	
16	接触器触点	未变薄或氧化	目测	
判断	正常 [ ] 作业后调整 [ ] 立即修理 [ ]		故障数	
点检人	如有异常，由跟进人填写跟进情况		跟进情况	

在实训活动开始之前，需要做好相关的实训活动准备，具体内容如下：

将学生分成2组，由各组自选组长并安排好学生的操作顺序，组长负责协助教师维持实训纪律。

教师要在实训前仔细说明实训的操作要求、安全事项，组织学生完成实训操作，在实训过程中及时进行指导，纠正学生的错误。操作结束后，教师要及时总结。

 **训练步骤**

步骤一：由教师完成叉车的点检操作。

步骤二：学生根据视频和教师的实际操作进行演练。

步骤三：由教师示范完成叉车的日常维护操作。

步骤四：学生根据视频和教师的实际操作进行演练。

步骤五：学生填写实训任务书（见表 3—4）。

表 3—4　　　　　　　　　　　　实训任务书

班级		姓名	
实训项目		实训时间	
实训地点		指导教师	
训练内容			
操作步骤			
操作规范			
存在问题			
实训收获			

训练评价

叉车保养和点检操作技能评价标准见表 3—5。

表 3—5　　　　　　　　　　叉车保养和点检操作技能评价标准

姓名		班级		
任务名称		日期		
评价内容	评价标准	分值	小组评价	教师评价
知识与技能考评 （60分）	了解叉车的保养操作要求	15		
	了解叉车的点检操作要求	15		
	能够正确完成叉车的保养操作	15		
	能够正确完成叉车的点检操作	15		
职业素养考评 （40分）	学习前做好相关的准备工作	10		
	学习中能够积极与教师和同学沟通	10		
	能够独立完成实训任务书	10		
	能够查找自身的不足并改进	10		
总分		100		

项目二　叉车安全操作和事故预防

一、叉车安全操作注意事项

叉车司机在操作叉车时，应注意以下事项：

叉车司机必须经过培训且取得相应的资格证书。

一旦在驾驶前、驾驶时发生叉车故障，一定要先保障人员安全。发生故障的叉车必须及时进行维修。

在叉车运行的过程中，叉车司机上车、下车都要及时拉起手制动手柄并系好安全带。

使用货叉装载货物时，一定要将货物平衡放置，切勿出现一头重一头轻的现象。同时，货叉距离地面应保持 30 cm 左右，将门架后倾。在行驶过程中，严禁货叉触地，以免损坏货叉和破坏路面。

叉车在下坡时，不能空挡滑行，应该带挡滑行，并适当踩制动踏板。

叉车门架在起升时，应该匀速上升。在上升时保证货物不会掉落。

叉车在行驶过程中，如果发现蓄电池电力不足，应该及时充电。不要等到电用尽后再充电，这样会大大缩短电池的寿命。

叉车电池充电过程中，必须把蓄电池的盖子打开，必须严禁火焰、火花接近蓄电池。

在开车前应检查各控制装置和警报装置，如发现损坏或有缺陷，应立即进行修理。

应平稳地进行起动、转向、行驶、制动和停止等操作，在潮湿或光滑的路面上转向时须减速。

叉车上禁止载人。禁止人员站在货叉上和货叉下，或在货叉下行走。

禁止在驾驶席以外的位置上操纵车辆和属具。

内燃叉车加注燃油时，司机下车前要将发动机熄火。在检查蓄电池或油箱液位时，不要点火。

司机离车时，应将货叉下降着地，并将挡位手柄放在空挡位置，将手制动手柄拉好，将发动机熄火并关闭电源。

在驾驶叉车时应始终系好安全带，这样在发生意外事故的时候能保护司机，减轻伤害。司机在叉车附近工作时必须穿着防护鞋，若在嘈杂环境中工作应使用防护耳罩。

叉车司机在驾驶叉车时，还应该遵守以下操作要求：

司机在驾驶叉车时要随身携带"特种设备作业人员证"，如果在公路上行驶必须遵守《公路安全保护条例》。

司机在驾驶叉车时不但需要具备一定的操作技能，还需要具备叉车的维护保养、故障排除技能，并且按照规定做好叉车的日常维护保养工作。

司机在驾驶叉车时严禁吸烟或与他人闲谈，注意力要集中，严禁酒后驾车。

叉车起动之前，司机应对叉车进行检查，确保叉车安全，并确认周围没有人员走动或其他障碍物，方能驾驶操作。

如果在行驶过程中出现道路条件不佳等现象，应该减速慢行，要做到起步、转弯、下坡、会车、倒车、经过人多处、经过道路交叉口、视线不佳、雨天路滑、过桥时慢行。

二、叉车安全事故预防

叉车安全事故会造成车辆损毁及货物损失，严重的还会造成人员伤亡。因此，必须认真总结分析叉车安全事故，制定合理的预防措施，引导教育叉车操作人员严格遵守安全规范。叉车常见安全事故及预防措施见表3—6。

表3—6　　　　　　　　　　　叉车常见安全事故及预防措施

序号	事故描述	事故原因	预防措施
1	无驾驶资格司机驾驶叉车，其间将头部伸出驾驶席外，导致头部撞击货架	司机无证上岗操作 司机作业不规范	严格执行叉车使用管理规定，不允许无驾驶资格人员驾驶叉车 叉车行驶过程中，不得将身体任何部位从驾驶席中伸出

序号	事故描述	事故原因	预防措施
2	司机在不清楚货物重量的情况下进行卸货作业，因货物重量超过叉车额定起重量，导致叉车倾翻	司机没有事先了解货物重量 管理人员没有对司机进行有关安全卸货方法的指导	作业前要先确认叉车的额定起重量和货物重量，不得超载装卸 管理人员要对司机进行安全卸货方法的指导和培训，在作业前要制定安全作业方案
3	叉车后退行驶时，落入道路低陷处	司机驾驶车辆时未仔细观察道路情况 作业现场安全管理不周，没有在道路低陷处设立警告标志，并告知有关作业人员	作业前应先仔细观察周围环境及道路情况，选择安全道路行驶 加强作业现场及作业环境安全管理，在叉车可能陷落的地方采取放置围栏等防止陷落措施，或者安排引导人员
4	司机使用单叉叉取袋装货物，货物升高后，车辆重心不稳，导致车辆侧翻	司机使用单叉叉取货物 司机未使用与吊装物相匹配的专用属具，未使用托盘	装卸货物时要配备合理的辅助装卸设备或选择合理的叉车属具，必要时要使用起重机等专用设备 装卸袋装货物时，要尽可能把货物放到托盘上
5	司机让卸货员站在空托盘上进行举升作业，以便其登高卸货，其间卸货员因重心不稳而摔落	司机利用叉车及托盘载人 作业人员将提升的托盘作为高空作业的平台	禁止站在托盘上进行作业 人员进行高空升降作业时，要使用梯子等升降设备
6	司机驾驶叉车时超过限定行驶速度，并且在高速行驶时急转弯，导致叉车侧翻	司机超速行驶 叉车转弯时没有降低车速	驾驶叉车时不得超速，尤其是在室内作业时，要控制好车速 叉车转弯时应降低车速，缓慢转弯
7	叉车载货高度超过挡货架高度，门架后倾时，货物掉落	载货高度超过挡货架高度	叉车所载货物的高度不能超过挡货架的高度 托盘货物要符合限层的规定
8	两辆叉车交会时，司机因急于完成工作任务未减慢车速，且对作业通道宽度估计不足，导致车辆发生碰撞	司机驾驶车辆时速度过快 司机未合理预估叉车行驶和作业时必要的通道宽度	较多车辆同时作业时，应合理预估必要的通道宽度，且车速不易过快或过慢
9	司机在叉取货物时，未合理预估货物宽度或叉车行驶路径，导致叉到旁边货物，造成货物损毁并砸伤旁边的工作人员	司机在作业时未考虑货叉和托盘的长度，邻近托盘间的间隙太狭小 司机在作业时未确认装载货物周边的情况 其他作业人员在非安全区域停留	叉取左右相邻的货物时，不能让货叉插入或碰撞到其他托盘 货物堆放时，相邻托盘保持至少10 cm的空间距离 司机在取货作业时，必须确认货物周边的安全情况 其他作业人员在叉车作业时应退至安全区域

续表

序号	事故描述	事故原因	预防措施
10	叉车装载货物高度过高，司机无法正常观察周围情况，导致在行驶时撞到其他设备或作业人员	司机自认为作业场内无人，在视野被挡的情况下仍向前行驶 管理人员未通知相关作业人员退至安全区域	司机应充分确认行驶环境安全，当不能确认前方路况时，应倒退行驶 不得在视野被挡的情况下行驶时，应安排引导员 管理人员要及时将作业计划通知有关人员

 ## 训练内容与要求

分析以下事故案例，深刻理解叉车安全事故的危害，找出事故原因，提出预防措施。

事故案例 1

某叉车司机驾驶叉车在 D 区的通道内进行拣货作业，到指定库位叉货。当时库位里只剩三箱货物，司机看到货物的缠绕膜有些杂乱，于是就用手整理。货物叉出库位后，叉车由北向南往巷道口方向行驶。行至途中，缠绕膜一角受到巷道风的影响掉落下来，被叉车车轮辗到，随之托盘上的三箱货物受到牵引，被拉出托盘，与旁边的物体相挤压。经质量部开箱检查，发现有部分货物受损。事故过程如图 3—16 所示。

事故案例 2

某叉车司机驾驶叉车在 D 区移动货物，在叉车向右转的过程中，一只货叉顶到临近托盘右下角的一箱货物，导致货物外箱破损，造成内箱 3 盒物品受挤变形。事故过程如图 3—17 所示。

事故案例 3

某叉车司机驾驶平衡重式叉车从 B 区转移托盘至 D 区 9 号码头收货区，放第三组托盘时，发现没有足够的空间摆放。此时司机观察前方已有的两组托盘距离门还有 1 m 左右，于是试图用叉车把两组托盘往前推，以便挪出一点空间，但却无法推动。下车才发现在两组托盘后面（叉车驾驶时的盲区）还摆放了一个托盘，而此时托盘后面的门已被顶变形。事故过程如图 3—18 所示。

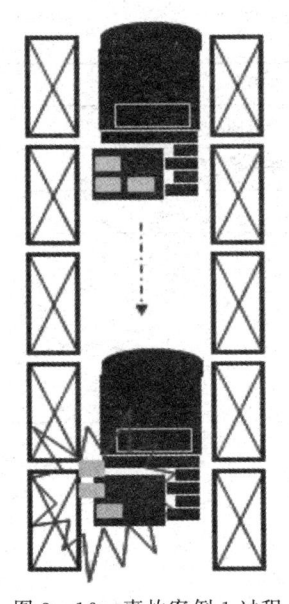

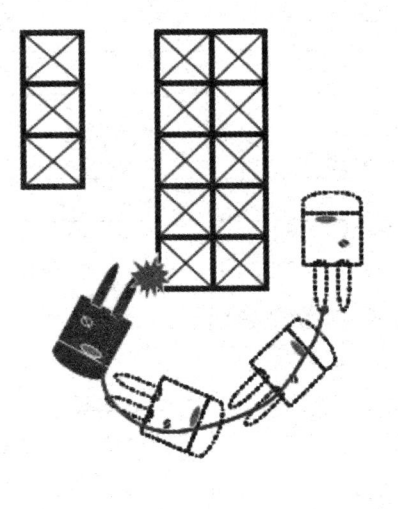

图 3—16 事故案例 1 过程　　　　　　图 3—17 事故案例 2 过程

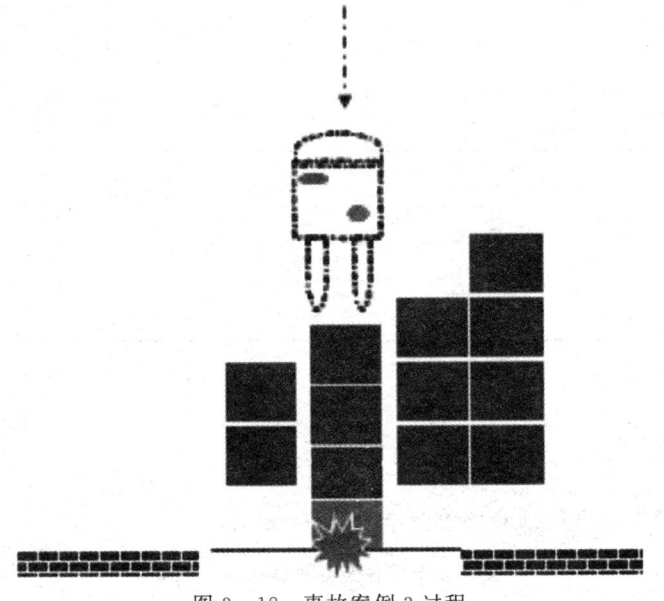

图 3—18 事故案例 3 过程

 **训练步骤**

步骤一： 学生分析每个案例中事故的发生原因。

步骤二： 学生总结每个案例中事故的预防措施。

步骤三： 学生撰写实训任务书（见表 3—7）。

表 3—7   实训任务书

班级		姓名	
实训项目		实训时间	
实训地点		指导教师	
训练内容			
操作步骤			
操作要求			
存在问题			
实训收获			

 训练评价

叉车安全操作及事故预防评价标准见表 3—8。

表 3—8   叉车安全操作及事故预防评价标准

姓名		班级		
任务名称		日期		
评价内容	评价标准	分值	小组评价	教师评价
知识与技能考评 （60分）	能够正确说出叉车安全操作的注意事项	20		
	能够正确分析叉车常见安全事故原因	20		
	能够针对事故原因提出合理的预防措施	20		

评价内容	评价标准	分值	小组评价	教师评价
职业素养考评 （40分）	学习前做好相关的学习准备工作	10		
	学习中能够积极与教师和同学沟通	10		
	能够独立完成实训任务书	10		
	能够查找自身的不足并改进	10		
总分		100